我的怡居主义

摩登简约风

摩登简约风格重视个性和创造性的表现
不主张高档奢华
着力表现区别于其他装饰风格
线条简化、时尚大气、简单利落、简洁明快
多采用黑、白、灰等中间色为基调色，简单但不单调
追求空间的实用性和灵活性

Modern Simplism Style

深圳市创扬文化传播有限公司 策划
徐宾宾 主编

中国建筑工业出版社

图书在版编目（CIP）数据

摩登简约风 / 徐宾宾 主编.
北京：中国建筑工业出版社，2011.12
（我的怡居主义）
ISBN 978-7-112-13719-0

Ⅰ．①摩… Ⅱ．①徐… Ⅲ．①室内装饰设计—图集
Ⅳ．①TU238-64

中国版本图书馆CIP数据核字（2011）第224553号

责任编辑：费海玲
责任校对：姜小莲　王雪竹

我的怡居主义
摩登简约风

深圳市创扬文化传播有限公司　策划

徐宾宾　主编
*
中国建筑工业出版社出版、发行（北京西郊百万庄）
各地新华书店、建筑书店经销
北京方嘉彩色印刷有限责任公司印刷
*
开本：880×1230毫米　1/16　印张：4　字数：124千字
2012年2月第一版　　2012年2月第一次印刷
定价：**28.00元**
ISBN 978-7-112-13719-0
　　　（21513）

版权所有　翻印必究
如有印装质量问题，可寄本社退换
（邮政编码 100037）

目录

04	与众不同的尊贵		32	现代尊贵
08	简约美		36	梦幻空间
12	惬意的都市生活		40	凝固的音乐
14	沉醉的夜		44	美好家园
16	纯·粹		48	温情古北
18	暖玉		50	香榭花都
20	低调的奢华		54	小空间大惊艳
22	返璞归真 化繁为简		56	有"线"空间，无限魅力
24	摩卡小镇		60	致酷
28	水都美域		62	白领居停

Yu Zhong Bu Tong De Zun Gui

与众不同的尊贵

设 计 师：熊学飞
设计单位：营造社设计工作室
建筑面积：160m²
主要材料：陶一郎瓷砖、金花米黄大理石、灰网大理石、富得利地板、欧路莎洁具、鼎牌橱柜

若说深圳是包罗万象的世界之影，那么武汉则是浓缩版的城市之窗了，尤其是在室内设计的独特的创新和挑战中，更可看出两者的你中有我，我中有你。深圳人快速严谨的思维和做事雷厉风行的态度，恰到好处地把各类设计风格表现得淋漓尽致，在近几年的各项作品中，更多地表现出了时尚又不乏中国文化底蕴的优秀佳作。武汉的很多优秀作品延续了这些设计思路和想法，进一步结合户型特点，给居住者营造一个紧随时代脉搏的东方印象的居所。于是，这浓烈的红，用时尚的手法表现出中国文化元素，结合时尚生活的奢华，最终使该套样板房流露出一种与众不同的尊贵与不俗。

设计师选用两种视觉艺术作品来点缀空间，其一是蕴涵其中的墙面材质的变化，让空间既有趣，又达到和谐的统一；其二是当代花艺的烘托，它们与空间里的具有现代奢华风格的家具形式形成现代与传统的对话，加深了空间美学与文化内涵。

【客厅】

客厅电视背景墙看起来是用灰色有质感的砖贴合而成，其实用心一看是仿真墙纸铺贴而成，地面是黑金沙和金西米黄大理石的混贴，整体感觉简单、高质、有内涵。所谓的简单是指它的外在，而高质是它的技术含量，灰色的典雅加上黄色的明亮，理性而又跳跃着，沙发背景磨花灰镜和旁边红色烤漆玻璃的交相辉映，让人感觉眼前一亮，空间顿时变得活跃起来，沙帘、灰镜、绒面地毯、革质沙发，现代语言夹杂着些许不同的音符，但依然动听。

【书房】

书房则完全体现了简约而不简单的原则，书架上暗藏的灯带散发出幽幽的光，显得神秘又安详，桌上的小人吹起了爱尔兰舞曲。书房红色主题的色彩提升了视觉效果，从局部看每个角落都显示出一股很强的力量。当灯光汇聚暖色的色彩的时候，这种力量似乎是要奔涌出来。而同时，空间的简约形式，留给人们以想象的空间。

【卧室】

进入主卧,就仿佛进入了一个梦境,有点后现代,有点欧式古典。在灯光下略显红色的面板与墙面规则的花样图案相互映衬,黄色丝绒的床面,突然有点红色,当所有的情感聚集在那支妩媚桃红上后,洋溢着一种香艳娇媚的女性的情感,轻轻跳起了探戈。次卧延续了主卧的风格,让色彩再跳跃一点,变得更加生动,好像换成了爵士乐。墙面两种截然不同的色彩在空间中映衬出或明或暗的情调,变化的空间感受,给人们带来足够舒适的心理感受。

Jian Yue Mei
简约美

设　计　师：熊学飞
设计单位：营造社设计工作室
建筑面积：109m²
主要材料：陶一郎瓷砖、爵士白大理石、富得利地板、摩曼墙纸、鼎牌橱柜、苏豪家具

此空间要展示的是一种混搭的风格。既要符合现代的审美，又要体现出豪宅的大气与奢华。设计师强调纯净、轻盈而笔直的线条，并且与高雅细腻的色彩相组合，使居家形成一种高雅而具有现代感的氛围。

设计师合理地根据建筑结构划分空间功能，做到动静分区，并改善原建筑不合理的间隔，力求达到空间整体的完美和连贯性。

空间的铺排以及后期饰品的选择，都看重艺术气息的营造。紫色浪漫沙发的完美组合，绒毛地毯上散放着盘子、书和不随意的装饰品，都打造出全新的生活情调，在暖暖的灯光中越来越有情调。餐厅走道不经意的点点抹绿，让整个设计充满生机，可谓画龙点睛。书房更选择了现代的玻璃不锈钢组合，书架简单的几何形状，让线条更加清晰。

设计师传达了一种生活态度，精致的生活随处可见，一种对精致、时尚、优雅生活方式的追求。即使面积在极小的空间内也可以得到淋漓尽致的表达，一如手工精湛、线条优美的水晶小提琴摆件，优雅地闪闪发光。细节，成就生活的美学。

【客厅】

客厅是设计的一个重要区域,以家庭为单位,这里是家庭的绝对公共空间。因此,客厅的设计需考虑到所有家庭成员。该案例客厅依旧是在现代简约的基础上进行设计。线条的层次感在这里也很明显,设计师希望通过这种层次感体现空间的简约美感。运用简单的线条也能很好地把握空间的尺度。这样,空间在设计师的理念中,显得更加的富有情致。形态优美的水晶灯、简约风格的家具、素雅的墙壁风格……使空间的整体情致自然显现。

【餐厅】

细节,成就生活的美学。餐厅完成了对线条的抽象概述。通过线条,空间的内容得到了更好的依附。在此基础上,设计师很好地运用光线的作用,通过这样的细节,将空间的整体品质提升起来。生活需要不断地追求才能更加完美。而对于细节来说,成就完美是随处可见的。黑色的桌面,白色的桌体,如同精致的艺术品,诠释着生活的情调。桌子上艺术品般的器皿,将这种独特的空间情调提升起来。从不同的角度看去,餐厅都使人仿佛置身在一个优雅曲声的梦境中。

【厨房】

厨房看上去很干净，设计师很好地运用了色彩的组合，灰白的地板和浅橙色的厨具，带来阳光和明媚的感受。灯光温柔地照在空间中，值得注意的是水池旁边，三盆绿色的植物洋溢着生命的气息。厨房遵循了现代简约的风格设计，从视觉以及对功能的发挥上，都体现了简约的特性。最重要的是设计师在这里所体现出来的理念是营造生活的优雅特性。优雅在现代简约的格调中体现出来。

【书房】

现代简约的体现就是尽量让生活变得更加的简单，现代风格的书柜和玻璃书桌都以最简洁的造型呈现。当形态上开始追求这种简单的时候，内容上就已经开始变得饱满，现代书房的概念逐渐变得模糊了。在现代书房中，功能的作用变得更加的灵活，可以用来读书学习，也可以用来休息娱乐，还可以用来和友人谈天论地。

【卧室】

茶色的地毯、灰色的墙纸、暖红色的地板、白色的顶棚，色彩整体上很好地融合在了一起。业主可以在这样的空间中找到一些不一样的感受，这种空间感受来源于业主对这种简单温暖生活的情有独钟。线条在这里被压缩在视线之内，线条似乎都在避让着空间，以便让空间看上去具有足够的延伸感。光线照进来，灰色的窗帘会被突然进入的风吹起，撩起足够的景致。

Qie Yi De Du Shi Sheng Huo

惬意的都市生活

设 计 师：熊学飞
设计单位：营造社设计工作室
建筑面积：120m²
主要材料：陶一郎瓷砖、金花米黄石材、富得利地板、品尚橱柜、曲美家具

该案处于文教政府区内，拥有交通便利、生活机能充足与闹中取静之各项优势，是都市生活的理想居住环境。样板房企图创造出此套住宅空间的实用性和宽敞感，利用无侵略性的白色展开视觉空间的延伸及穿透，并运用空间的层次变化，创造出极丰富的收纳空间。希望兼顾现代人渴望文人风格及灵活实用收纳的生活空间的需求，为两者最好的交流。此案中，墙面大片变化的材料忠实地呈现。家具现代而不会过时，耐用，最重要的是以舒适及享受为最终目的。

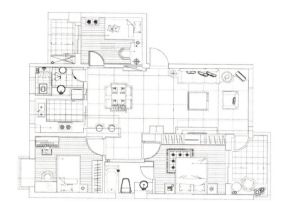

【客厅】

稳重而简约的客厅，深蓝色与白色相互映衬，让空间变得柔和、舒适，而白色里的不锈钢拉丝，使整面材料显得很有意思，看起来时尚惬意，浅紫色的沙发和不锈钢镜面的茶几，被黄色的绒毛地毯托住了，像黄色花瓣里探出了花蕊。

【餐厅】

餐厅与开放式厨房连贯处理，增加了空间的弹性功能，不但可以放大餐厅空间，更大大加强了厨房与餐厅客厅的互动感，同时发挥弹性空间使用机能的最大可能性，大面镜面不锈钢和马赛克点缀其中，置于其间，仿佛来到了满天星的世界。

【主卧】

强调感官舒适的主卧室，墙面灰色泛白底纹的波浪形图案结合一只娇艳欲滴的玫瑰和含苞未放的花骨朵，含蓄和张扬并存，内收外敛，表现得淋漓尽致。纱帘和绸面帘相互遮掩，在整个卧室透露玲珑的美中，夹杂一丝温馨。

【儿童房】

大片荷叶在风中摇曳，朝你挥手，这是在哪？不远处的画架，把人带到了一个美丽恬静的乡村。周围绿色的油菜花，在风中摇摆，枫叶在这秋色中格外妖娆，带着几分诗意。

【卫浴】

卫生间的黑白两种颜色的搭配，浴缸墙面黑镜、银镜的互相对比衬托及中间马赛克的分割，让整个墙面虚实相结合，神秘而有趣味，洗手台面由黑色烤漆和不锈钢组合而成，与白色的洁具、白色的地砖、白色网纹砖，在灯光的烘托下，使整个空间黑白分明地亮起来了。

Chen Zui De Ye
沉醉的夜

设 计 师：陈振格
设计单位：陈振格设计工作室
建筑面积：160m²
主要材料：仿古砖、马赛克、白栓木饰面板、墙纸、实木地板

宽敞的客厅在家具的迎合下，丰富而有内涵。沙发背后的木柱造型弥漫着灯光，坐在厚重而且线条简单的黑色沙发里，配以一杯红酒，这一切都是那么的让人陶醉。

空间色调虽简单，但是不会让人感觉缺乏内容，简单却精致。黑白灰三色成为主色调。这样的色调营造了良好的空间氛围，让空间更加的安静，同时充满张扬的现代气息，特别是简单材质的运用以及对线条的合理把握，空间的整体凸显了高品格的特点。

沉醉的夜，空间的气氛很浓，暗淡的光芒遮掩着空间的每处角落，所有的色彩都是醉人的，所有的姿态都是属于夜晚的。设计师巧妙地利用光线和色彩制造了这样一处属于夜晚的空间，空间自然让人沉醉。

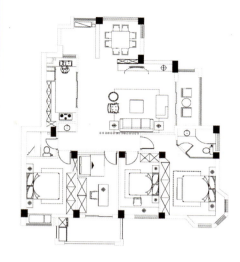

【客厅】

总体上的黑色氛围如同经典电影中的精致场景，安静、奢华，都将在空间中寻找到答案。身处空间之中时或许会感受到这种强烈的自我意识。这是属于一个人的空间，即使当很多人身处这里时，也会让人感受空间之中只有孤零零的一个，思考、幻想，继续进行。客厅的布局很简单，造型上基本按照空间本身的特点进行。家具的选择很到位，这让本身静谧的空间感增添了不少情调。顶棚的处理也很别致，在中间区域的顶棚与周围区域区分开，形成层次感。

【卧室】

这里的一切都是安静的，世界仿佛只存在于这里，一张简单而舒适的床，头顶上的顶棚，洁白干净，窗帘的深色划开空间的黑夜与白昼，干净而没有过多的修饰，地板看上去也很干净，色彩处理得很到位，空间形成一个柔和的整体。

Chun·Cui
纯·粹

设 计 师：陈明晨
参与设计师：沈江华、陈墩华
设计单位：鼎汉唐（福州）设计机构
建筑面积：238m²
主要材料：玻化砖、实木地板、墙纸、爵士白大理石

本案以简约风格诠释，设计上使用切割延伸对比的手法，色彩以白色为主基调搭配黑咖色的家具，再通过色系过渡，使整个空间在极具视觉冲击力的同时又不失和谐。在设计中，设计师摒弃多余繁琐的装饰，利用外在的自然环境融入到室内环境当中，使整个空间更加亲近自然，从而达到人与自然完美的和谐、共融。

空间整体给人的感受干净自然，如同一个白净明媚的女孩子的皮肤，充满着水润光泽。这种现代气息在打造出这种水润感的同时，也为业主提供了一个更加感同身受的空间。线条的简约和色彩的明媚，让环境在人的身心中得到升华。自然气息也是该空间的一个重要的主题，明媚的阳光在空间中可以无处不在。人与自然的共融就是这么简单自然。

乐趣自在其中。

【客厅】

客厅光线充足，在极力打造空间简洁感的同时，设计师也注意将空间与自然相融合，通过色彩以及空间本身所拥有的窗户，再配合一些简单精致的家具，空间的自然味道便凸显出来。灰白的沙发以及咖啡色的地毯，整个空间的元素本身就可以达到相融。围绕地毯摆放的沙发，以及旁边造型纤美的弯曲照明灯，使得这块区域具有不同凡响的视觉效果。这是设计师所预想的。设计的过程中，这种预想也变得更加简单。在周围洁白的墙壁和洁白的地板砖的作用下，灰色的沙发和咖啡色的地毯的魅力得到大大提升。

【餐厅】

餐厅和厨房都在二楼，可以看到外面不错的景致，以及观察到客厅里的每个角落。位置的选择是餐厅的一个特色。同时，二楼餐厅的线条属于简单到极致的那种，设计师希望借助这样的简洁线条让现代感受更加的自然和强烈。而这里的桌椅是采用了现代感十足的黑咖色调，让空间在这种色彩的中和之下显得更加的精致。厨房和餐厅是联系在一起的，洁白的厨具也与厨房的色彩形成对比。

【卧室】

卧室整体效果凸显出咖啡色的暖暖情怀，柔和的光线将空间的色彩以另一种形式展现在人们的眼中，床头背景墙的设计简单灵活，镜框画很好地阐释了现代主义的感受。同时，电视机墙下的黑咖色家具与床相互呼应。空间本身的造型别致，适合设计师在这里进行一些类似该角度的设计。效果自然也是不错的。同时，卧室也采用了顶棚辅助照明的采用，让空间的柔和感更加鲜明，也更加撩人心弦。好的卧室，就是要给人一种无法忘怀的感受。整体的色彩也如同怀旧的泛黄照片，浓浓的情绪在空间中自在蔓延。

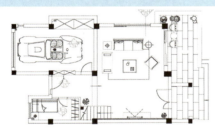

【书房】

书房呈规则的长方形，书柜在后，工作桌在中间，对面是同样呈长方形的落地窗。窗户用白色的百叶帘隔绝内部空间与外部空间。这里并非根据真正的书房来设计，设计师根据业主的需要，将这里打造成更具特色的多用空间。传统的书房已经在现代的空间中渐渐消失，设计师和业主所关注的是空间的舒适性，并主要体现在视觉和功能上。人们希望空间成为一处身心休闲之地，而不是像过去那样在空间之中充满繁复的设计，使人感到压抑、难受。

Nuan Yu
暖玉

设 计 师：陈明晨
参与设计师：沈江华、陈墩华
设计单位：鼎汉唐（福州）设计机构
建筑面积：113m²
主要材料：仿古砖、圣象壁纸、柏丽金刚板、蒙托漆、灰镜

　　本案以现代、时尚为设计主题，以灰色为主调，少量的咖啡色为辅助色调的设计，强调整个室内空间的整体感。通过分割、连接、穿插等设计手法的运用，加上局部墙体镜面的使用，使有限的空间达到了延伸的效果。在设计过程中设计师采用了弧线的造型，增加空间的立体变化与时尚感。在家具、灯具以及饰品的选择上，配合通透的灯光效果更体现出空间的现代气息；材质上使用自然肌理质感较强的蒙托漆、金刚板、仿古砖、使空间更具个性与品位。

【客厅】

室内的所有物体都呈几何体状,在黑白灰三色的演绎下,显示出时尚的现代美感。米色的地毯,用舒服的触感缓和了空间的冷峻感,而独具韵味的装饰画和灵巧雅致的工艺品,则打破了客厅的单调感,并提升了空间的整体格调。沙发右侧的黑镜和木饰面,丰富了空间的视觉内容。散发出的各种光源,使原本沉稳的空间变得生动起来。

【餐厅】

黑白灰的就餐空间显示出时尚的都市气息。灰色的弧形墙面此刻显得新颖独特,转角放置的部分艺术品,成为餐厅的点睛之笔;深色的仿古砖和黑色的餐桌椅透露出沉稳的气息,在纯白的餐具和吊灯的衬托下显得极为醒目;白色的纱帘,为冷硬的空间增添了一缕柔情。

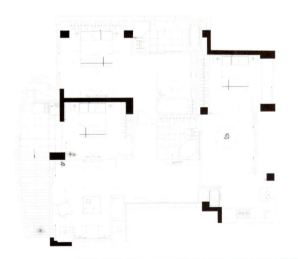

【门厅】

木贴面的墙壁能够让人感到温和舒服,配合地面的仿古砖,使置身其中的人犹如处在古老的森林之中。白色的储物柜此刻显得异常醒目,不仅为沉稳的空间带来纯净的色彩,还兼具展示与储物的功能,美观又实用。

【卧室】

客厅的地面与床头的背景墙部分墙面使用了相同的木质材料进行修饰,让人的视觉得以向上延伸,无形之中扩展了空间的面积。灰色的墙面与深色的地板、窗帘,显得沉稳内敛,白色的床品为空间注入了纯净的美感,明暗色调的对比,打造出富有经典韵味的睡眠空间。黄色的软包和台灯,米色的地毯舒缓了空间的沉闷感,使卧室变得更加温馨宜人。

Di Diao De She Hua
低调的奢华

设 计 师：萧爱彬
参与设计师：萧爱华、李凌波
建筑面积：144m²
主要材料：格力士地板、高登卫浴

"家"承载了我们太多的分享与期待，被我们每一个人寄予如此的厚望。"家"的温馨和感受，也往往潜移默化地决定着我们的生活质量。

有这样一个婚房，穿越繁杂的装饰、老旧的规则。有这样一个婚房，突破传统婚房的白色主调的定义。在一个阳光明媚的午后，以它独特的气质走进我们的心中……大气的客厅里，实木地板和黑色玻璃相辅相成，填满整个墙壁！大胆的用材，充分展现了设计师独特的视角。

业主是一对新婚夫妇，是金融业较有作为的优秀管理者。对于咖啡色与黑色的搭配，他们非常满意！这一切恰如其分地传递出主人的修养和品位。对于品位，对于华丽，设计师用自己独特的手法进行了诠释。并不一定需要珠光宝气的装饰。

从一进门的热带鱼缸到客厅里错落有致的飘窗阳台，再看颜色与材质相呼应的家具和墙面还有地面，再到过廊里大幅直通到屋顶的建筑摄影作品，这一切都是设计师用心诠释的低调的奢华！低调的奢华在空间中延续，深入观者的心……好似在诉说，它会带给新人们的美好！

【客厅】

客厅的奢华感受很容易在人们心中翻腾。不一样的感受，不一样的生活情调。空间的角落，安静沉稳带着魅力的奢华感。实木材质，清晰自然，原来奢华不仅仅属于高贵稀有的材质，简单自然的材质同样可以打造出奢华的感受。奢华是多种感受，视觉上很重要，最后会在心理上得到升华。客厅的线条并不复杂，遵循了现代简约的风格特点。另外，开阔的窗户和阳台提供了更多的自然空气及阳光，如同春天来临般，在庭院中娇艳盛开的花朵，带来阵阵沁人心脾的气息。

【餐厅】

简易的餐厅看不到更多复杂的东西，整个木质感空间中，就是简单的一张玻璃桌和四把同样简单干净的椅子。空间感受清晰自然，毫无刻意修饰的感觉。墙面的设计风格独特，设计师没有单一的进行墙壁装饰，而是通过材料，让墙面有了变化和层次感。晶莹剔透的玻璃桌，同样晶莹剔透的杯子，绿色植物插在玻璃杯中，迎接着窗外明媚的阳光和清新的空气。这就是自然，这就是美的享受，这也就是空间带给人的感受。不用刻意追求，空间的美感在这种简约的理念中自然满溢。

【卧室】

爱情的甜蜜感受，幸福的阳光暖暖地照在空间的每个角落，仿佛可以听见从遥远的海上飘来的琴声，冬日的街道上，阳光温暖地照在落尽了叶子的树上。正是在这样的氛围中得以进一步延伸卧室的空间感受，业主所需要的是在这样的空间中寻找到属于自己的一个很好的归宿地。柔软舒适的床，床上可爱的情侣玩偶，诉说着幸福的感觉，床头背景墙上的婚纱照，是爱情的见证。旁边的玻璃，隔绝着外面清晰自然的景致，将自然的气息进一步引入空间之中，风景如画。卧室是一个温馨浪漫的空间。

Fan Pu Gui Zhen Hua Fan Wei Jian

返璞归真 化繁为简

设 计 师：于强、王冠、廖秉军
设计单位：于强室内设计师事务所
建筑面积：220m²
主要材料：银灰木纹、爵士白大理石、实木地板、灰橡木、黑镜钢、墙纸

返璞归真，化繁为简，简约的生活方式是当下忙碌的都市人广泛认同的追求。本案位于风景秀丽的深圳东部华侨城景区，城市之内，却又远离喧嚣，是深圳人调整身心的理想第二居所。

公寓面积213m²，要求满足居家与休闲聚会两种需要，所以有许多实用的功能是不能舍弃的。设计师希望呈现给客户的是简约整齐的外表，同时又能兼容各种应有的实用功能。这一设计思想贯穿了公寓的每一个空间。从入口的电梯门厅坐椅开始，就充分利用椅垫下的空间做抽屉，储藏鞋子，并以暗门处理，保持外观的简洁；客厅的视听柜及开放吧台区的酒柜被统一隐藏在一个"L"形的柜子里，柜子门以柔和的皮革饰面，并以暗门形式表现，给人以原墙面装饰的假象，干净整齐，再以顶棚灯槽泛光照明，质感更加优美；主卧的电视隐藏在一幅巨大的深色玻璃背后，只有屏幕的位置是透明的，深色的玻璃可向右侧推拉打开。露出背后更多的隐藏性的功能，如电视机顶盒、DVD机、功放，及CD、VCD碟片等。

类似的处理手法还包括了走道各房间隐藏的暗门，被隐藏起来的洗手间，主卧床背后可打开透光的窗等等。

本案设计师以巧妙的设计手法把众多的实用功能隐藏在简约的外表背后。既实用又美观，使简约与实用这两种看似矛盾的设计取向得到了完美的结合。

【客厅】

黑白灰三色是空间的整体色调，简易的家具造型延伸了空间，黑色的长条帘子给空间带来一些静谧的色彩，如同夜幕降临，一片安宁。白色高大的雕塑马站立空间之中，位居沙发旁边，赋予空间的另一层内涵。客厅整体为长方形，造型上为空间的设计提供了更多的可能性。这种可能性使业主可以在区域中自由地根据自己的习惯选择设计。材质的选择在空间中也占有重要作用，新颖别致的家具让空间无形中增添了更多的姿色。

【酒吧区】

业主希望这里可以给客人提供更多的选择，酒吧区就是基于这种考虑而设置的。从酒柜的选择到吧台的材质选择，色彩的对比以及情调的营造，灯光的选择，元素的搭配都在酒吧区中可以隐约见到。现代风格所体现出来的精致，在设计师的手中变得更加的富有情韵。简约主义成为越来越多人的选择。

【卧室】

造型独特的床头灯，给简单的线条增添了柔性的视觉元素。局部的处理是在整体的感受下进行的，卧室主张舒适，舒适程度首先体现在色彩和光线上。设计师采用米色调作为空间的主色调，这种米色调的光线也可以给空间提供丰富的视觉内涵，可以保证睡眠质量。好的空间首先是满足基本功能的空间。

Mo Ka Xiao Zhen
摩卡小镇

设 计 师：施继诚
设计单位：福州零距离装饰设计有限公司
建筑面积：96m²
主要材料：仿洞石瓷砖、仿木材瓷砖、雕花密度板、壁纸

　　福州摩卡小镇，这套蕴含了略带复古风格的住宅展示在我们的面前。年轻的业主夫妇非常喜欢这闹市里幽静的一角，希望一回到家就能从城市的喧嚣中脱离出来。想象一下，当假日午后的阳光斜照在客厅的一角，沏一壶茶，翻开自己喜欢的书籍，这是何等美好的快乐时光。经过仔细沟通，夫妇俩决定把这套房子委托给设计师来设计。因为房子面积较小，所以选择用先开放再融合的手法来处理空间尺度和视觉上的不足。其中，最具个性的处理便是围绕餐厅为中心，把厨房、客厅、书房相融合。业主很喜欢处理后的书房，在书房里学习不再觉得封闭，因为事先开放出来的空间再造拓展了视觉上的尺度。如果说空间的处理是居室的骨骼和身体，那么接下来的选材和配饰就是居室的情绪和个性。绒布沙发和有机塑钢的茶几边椅相结合，看似格格不入的搭配却带给人一种从复古到现代的跨越时空之美。从总体的色调来看，中性色为主，在柔和的主色调下，原本咄咄逼人的黑色电视墙不再显得张扬，反而变得亲切而富有魅力。业主网购的小装饰品经过安排，看似漫不经心地分布在房子里的各个角落，却担当着统一居室风格的使命。经过半年多的装修,业主夫妇喜迁新居，摩卡的惬意生活从这一刻开始了。

【客厅】

客厅开阔自然,空间的每个区域引入足够的自然光线和空气,同时,造型独特的圆形、半圆形茶几,给方正的空间带来几分灵气。干净明媚的墙体装饰有种原始简单的感受,地板和墙体的色彩趋于一致,视觉效果简单自然。绿色的植物在墙角处迎接着窗外温暖的阳光,也给空间带来了几许生命的色彩。电视背景墙采用黑底白花的墙纸,是考虑电视背景墙对于人眼睛的影响。

【餐厅·厨房】

餐厅位于客厅和厨房的接连区域,这样为家人就餐提供了方便。同时也合理利用了空间。客厅的这部分角落作为一个空白区域得以作为餐厅利用,是合理利用空间功能的合理设计。简单精致的餐桌,黑色的桌面上有栩栩如生的花朵,一种情调油然而生,生活品质在这里被重视。餐厅不够大,只可容纳一张餐桌,餐桌也只能入座四个人。作为一个小家庭来说,这样的选择是正确的。厨房呈方形,小空间中合理摆放着厨具,橱柜线条简洁。中间区域作为活动区也体现出了简洁自然的简约现代主义风格。

【卫生间】

金属感所带来的是干净整洁之感。这是大多数卫生间多呈现出来的视觉感受。为了满足业主的需求，卫生间的设计遵从了基本的设计，将细节区从色彩上进行了划分，同时掌握了空间的原有特性，以便利用好每个局部。作为一个私密区，这样的材质选择以及功能区划分也是业主所需要的。

【卧室】

粉红色是房间的主色调，粉红色象征浪漫、天真、美好等，很明显这里是女孩子的房间，粉红色体现了房间主人的心理特性以及对生活的态度，即追求精致、简单、时尚的生活，不为生活所烦恼，追求开心、简单的小幸福。完成这样的设计，设计师和房间主人的接触是不可避免的。沟通成为设计的一个重要组成部分。

Shui Du Mei Yu
水都美域

设 计 师：施继诚
设计单位：福州零距离装饰设计有限公司
建筑面积：126m²
主要材料：仿古砖、硅藻泥、大理石马赛克

每当人们遇见一道亮丽的风景时，总是会忍不住驻足欣赏，释放心情。这套居室的业主希望心中的家也能是这样的，每次回家都能被家的温馨和舒适所打动，同时流连忘返于属于自己的美域之中。

业主给予设计师的信任。肩负着这份期望，设计师开始了对这套坐落在福州江畔居室的设计工作。首先是划分空间，虽然空间向来是居室设计的陪衬，需要诸如材料和色调的渲染才能有自己的生命力和情绪，但对空间的分配仍是设计统筹工作中的头等大事。

由于厨房和餐厅的位置在客厅的后面，进门后需要先到客厅才能到厨房，以及从闹区到静区存在过于冗长的过道，所以削弱空间中过强的交通性变得非常的必要，于是有了半开放厨房和餐厅再与客厅融合及洗手区的外置做法。为了赋予居室温馨与舒适，过强的空间感又一定是要避免的，墙上大面积使用的质地柔软的米色硅藻泥成为这一设想的理想载体，合理地协调了两者的关系。

选购家具、灯具等饰品是设计中不可或缺但往往被诸多业主忽视的环节，成功的设计往往需要设计者对这些细节细致的搭配，这里设计师选择丝光面材质的沙发和地毯，与粗糙的大理石马赛克在鲜明的对比中形成直观的审美感受，烛台造型的吊灯与其他家具饰品的气质相得益彰。

【客厅】

背景墙上镶嵌的两层长短不一的隔板增加了空间的层次感,也让居室有了更多的展示及收纳区,客厅和餐厅之间的墙被打通,用一个木板作为隔断,让不大的空间保持了整体的畅通,同时也让各功能区能够独立开来。素雅的布艺沙发和空间的格调相一致,大量的绿色植物贯穿于空间,为居室增加了一缕灵动的色彩。

【餐厅】

开放式的厨房和餐厅让这个小空间没有了压抑,米色的餐桌和白色的大理石吧台使空间多了一份纯净,镜子格栅的隔断也有利于延伸空间,让小空间看上去更加精致。

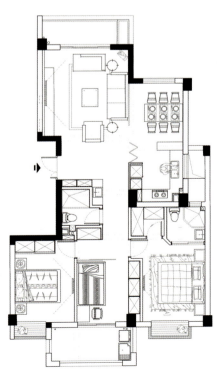

【门厅】

走道处有一个L形的设计,用柜体连接的盥洗台面,大面积的柜子给空间带来了强大的收纳功能,黑镜的装饰和白色柜体形成强烈对比,共同构成一个黑白的经典空间。金黄色镶边的正方形镜子方便主人在进门或出门前整理衣冠,同时也起到扩大空间的作用。墙面上的几幅挂画循序渐进,让人有进入居室一探究竟的欲望。沙发上的绿色软包与窗帘色彩相互呼应,让我们在简约的空间中感受到一份典雅的气息。

【书房】

书房的构造极其简单，一张书桌、一条沙发和书柜就是全部内容，但简单的构成却能体现设计师的良苦用心。黄色书柜嵌入墙体让主人的书籍与收藏品有了归属地，条形的沙发随意摆放，但其惊艳的色彩却在不经意间让主人在创作疲惫时醒目、提神，也可以共同坐在沙发上看书休憩。玻璃门的设计让空间保持了连贯与通透，这个小空间也是一个大设计。

【卫浴】

玻璃推拉门使空间整体上统一，同时也有效地区分了干、湿区域。盥洗台下的柜子让浴室空间的一些小物品有了归属地。

Xian Dai Zun Gui
现代尊贵

设 计 师：凌子达 杨家瑀
设计单位：达观国际建筑室内设计公司
建筑面积： 96m²
主要材料：仿洞石瓷砖、仿木材瓷砖、雕花密度板、壁纸

贯穿本案始终的设计理念可以用"透"来形容，入口处大面积的白色调让人忽视了空间小的缺点，近乎全开放的和室与客厅有着错落、动线和对话的复杂关系，也给和室增添了一丝神秘感。入口处透明的餐椅与线条感极强的白色餐桌形成鲜明对比，客厅舒适的大沙发、单人沙发给人带来身心的双重享受，造型别致的黑玻茶几也在张扬着它的不同。精致中的随意，休闲中的优美，给予懂得品味生活的人。

【客厅】

整个客厅空间纯洁而又不失庄重，白色纹理的地板砖和餐厅的颜色一脉相承，并和黑色单人沙发、黑色的茶几形成强烈反差，黑色沙发区在灯光的效果下从视觉感观上让人觉得这是一个有内涵的空间，一张白色皮质椅子和绒毛地毯也提升了空间的品位。电视背景墙中，用黑镜装饰的隔断替代了原来厚实的墙面，使空间多了一份通透，也让两个功能区之间更加连贯。黑镜的装饰材料本身也有延伸空间、增加空间深度等作用，因此黑镜在此处的作用效果达到了极致。

【餐厅】

这是一个纯白色的空间，白色的大理石墙、地面和白色的餐桌、透明的椅子等构成了这样一个白色的透明的餐区，相信在这里用餐，会让您有一番惬意的感受。从造型上看，角落的背景是用同等大小的圆形相互拼接而成，和有棱有角极具创意感的桌子形成鲜明的对比，让这个小空间有了艺术的灵气。

【茶室】

采用日式风格的手法设计，黄色木地板拼接的地面增加了空间温馨的氛围，让业主和朋友在这里促膝谈心有了很好的铺垫，同时也使茶室作为一个独立的功能区，有效地和其他功能分隔开来。黑镜装饰的背景墙隔而不断，在茶室也能看到客厅的环境。

【过道】

过道上的细节设计体现了设计师设计的独到之处，深黄色的条形木板延伸了空间，同时也让空间有了深邃的感觉。一扇白色的门同时兼具着隔断的功能，关上它时，卫浴间和卧室就和外面的空间完全隔离开来，保持了空间的隐私效果，一幅挂画提升了空间的品位。

【卧室】

卧室的电视背景墙用一个组合柜来代替墙面，电视嵌入其中，使空间的整体更加美观，同时整面墙的柜子给空间带来了强大的收纳功能，这对现在的小户型来说是非常适宜的。推拉门的设计保持了空间的整体性，另外黑色也有利于睡眠。

Modern Simplism Style

Meng Huan Kong Jian
梦幻空间

设 计 师：刘威
设计单位：武汉刘威室内设计有限公司
建筑面积：95m²
主要材料：丽晶石、地毯、不锈钢门套

设计师将室内设计定位为时尚、前卫的风格。在平面设计中，设计师在原建筑结构的基础上，应用了大量弧形的、自然的线条及以圆形、椭圆为设计主题的家具、隔断，使室内充满动感，使空间更具流动性。室内的墙面和地面都采用了大面积的白色铺装，作为一切装饰的基底，有效地对彩色的家具、灯具和床品进行了烘托，使室内不同空间和谐统一又各具个性。客厅内的沙发采用经典、饱满的红色与黑色，搭配墙壁重点部位金色石材的拼贴，使空间厚重而前卫。

【客厅】

空间无处不在的艺术品冲击着人们的视觉,红黑白三色的交错混合让空间展现出不同的视觉感受,夸张的两条U形沙发在色彩上平衡了空间的同时也在形态上让空间的层次有了升华。

【门厅】

空间的区域划分合理,并兼具美观和实用的功效。空间各功能区以卫浴间为中心铺展开来,门厅的设计很好地借用了卫浴间的背景墙面,从布局上充分利用了空间。红黄黑白四色马赛克拼接的背景墙面在灯光的照射下闪闪发光,体现出了很好的质感,也反映出设计师对细节的把握。

【餐厅】

餐厅和客厅在同一个平面区域上,以纯白的色彩为基调和一旁炽热的红色沙发形成鲜明的对比,加深了空间的层次和视觉感观。四张桌椅本身也是一件艺术品,置于这里,让其精美的工艺有了完美的体现。

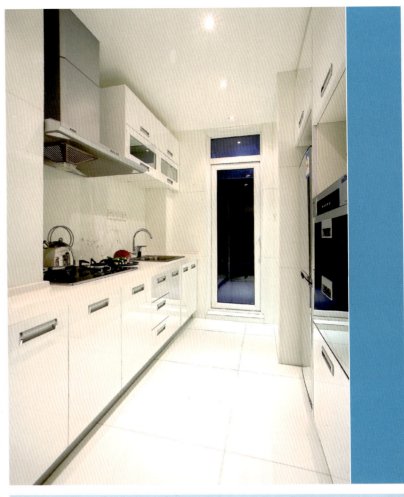

【书房】

这个书架设计得非常有意思，美观而又实用的它既是书柜，也可以当作区分卧室和休闲区的隔断，或是一个展示架等，可谓算得上是真正的多功能。

【卫浴】

卫浴间采用全封闭式设计，圆柱形的外观设计和空间的整体相协调。空间的功能区以卫浴为中心，卫浴间的外立面设计简洁大方，而内部的墙面全部用四色的马赛克贴面，为这个小空间增色不少，步入其内让人会有一种在这里睡上一觉的冲动。巨大的镜子有效地区隔出了干湿分区，也起到了扩大空间的作用；细看，镜子里面也是一个奢华的沐浴世界！

【卧室】

细节上的设计往往能够体现出一个设计师的设计功底，这个卧室的设计就很好地体现出了这一点，圆形的时尚床垫和具有完美曲线的床达到了很好的吻合，对称的两个艺术台灯也和卧室的格调保持一致，偌大的飘窗让空间有了缓冲的区域。

【儿童房】

活灵活现的娃娃、色彩明亮的窗帘及床上用品体现了儿童心理天真、活泼的一面，略高于地面的床位设计从真正意义上考虑到了儿童的需求。

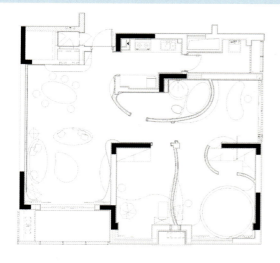

Ning Gu De Yin Yue

凝固的音乐

设 计 师：唐威
项目地点：湖北武汉
建筑面积：106m²
主要材料：灰色地板、皮革、黑镜、壁纸

本套样板间定位的虚拟客户是一位热爱音乐、懂得享受生活的建筑师时尚达人。"建筑是凝固的音乐"，设计师把主人的职业和爱好结合到一起，从中提炼共通之处。钢琴是表达音乐的一种极佳媒介，设计师从钢琴音乐的灵感中选取黑白琴键元素在空间中进行变化，营造出经典时尚的生活氛围。客厅背景的皮革硬包和灰镜混拼营造空间的趣味性，使整个空间雅质味道十足，充满了戏剧性；从客厅延伸到餐厅的艺术画，使两个空间连成一体，加强了室内宽敞感；玻璃、镜面和天然石材打造出与众不同的楼梯，带来通透空灵的感觉；镜面、木饰面与皮革软包穿插于各卧室之中，带给人不同的视觉感受……总之，整个空间的设计无不流露出现代时尚的气息。

【客厅】

客厅展现出一种简洁大气的感觉，重点突出空间的层次感，沙发、窗帘、墙面及地面的色彩有所呼应与衬托。不锈钢与镜面的加入，使家具显得现代时尚。浅棕色皮革与黑镜交错形成的电视墙，凸显出个性的美感。沙发墙上悬挂的黑白建筑作品，使家里的客厅充满了艺术气息，大量的留白耐人寻味。

【餐厅】

餐厅与客厅处于同一个空间中，悬挂着艺术画的墙面一直延伸到就餐区，加强了两个功能区之间的联系。透亮的玻璃和镜面作为楼梯与餐厅之间的隔断，不仅为餐厅增加了晶莹的通透之美，还让这两个功能区隔而不断。造型独特的白色座椅与不锈钢餐桌构成了一个充满创意的就餐区域，白色圆圈组成的新式桌椅和璀璨的水晶吊灯点缀其间，打造出高品质的餐厅。

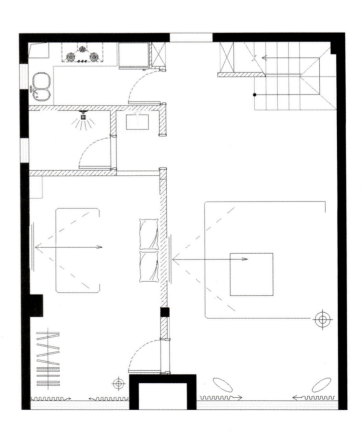

【厨房】

黑与白是最具有表现力的色彩，将其作为厨房的主要色调，一定能够增强空间的视觉魅力。白色的瓷砖上频繁出现的一抹抹黑色，不但让空间变得极其活跃，还将黑色的橱柜烘托得非常醒目，这样的色彩对比制造出强烈的视觉冲击力。镜子的采用，从视觉上放大了空间，使原本狭小的厨房变得宽敞起来。

【卫浴】

卫浴间1：黑白交织成的方格墙面和地面挑战了人的视觉，会让人误以为置身于一个魔方之中，并让墙面与地面的界限变得模糊，使不大的空间看起来十分宽阔。同样，黑白搭配的方形盥洗台，也让人领略到了经典色调的无穷魅力。

卫浴间2：这个卫浴间同时也是洗衣间，空间的合理利用在此处体现得淋漓尽致。朴实的墙砖与地砖，既耐脏又防滑，显得功能性十足。

【楼梯】

柔和的木纹石与通透的玻璃共同打造出具有晶莹之感的楼梯，黑色的石材有效地划分出楼梯上下空间，明亮的镜面使楼梯的空间从视觉上得到扩展，整个楼梯的设计体现出设计者的别具匠心。

【书房】

书房的设计延续了空间现代时尚的整体风格，充满个性的桌椅令人耳目一新，黑白搭配的装饰画和工艺品散发出浓厚的艺术气息。冷暖色相结合的书房空间使人产生舒服惬意的感受。简易的衣架和收纳柜，能够解决一些日常物品的存放问题，还能让书房充当临时更衣室使用。镜面的出现，提升了室内空间感。

【卧室】

主卧：采用暖色调的设计，成功地营造出温馨宁静的睡眠氛围。淡雅的花朵为卧室带来阵阵的清香，在有花香陪伴的卧室中休息，想不惬意也难。主卧与主卫之间以一个木制滑门作为隔断，有效地节省了空间。

次卧1：从墙面延伸到天花的软包和镜面，使空间从视觉上得以无限延伸，显得创意十足。此外，镜面的出现增强空间的通透感，并有效地避免了不高的空间分隔给人带来的压抑感。由无数个白色圆圈编织而成的床面装饰，起到了绝妙的点缀效果。

次卧2：彩色的条纹床单和花样繁多的地砖赋予空间以艺术的美感，为空间特意定制的展示架与储物柜，让空间的利用率最大化。展示区的设计显得别出心裁，温和的木色配合隐约透出的间接光源与神秘的黑镜，呈现出一种无与伦比的美感。

Mei Hao Jia Yuan

美好家园

设 计 师：曾耀徵、陈建佑、王诗岚、张筱兰、陈穆勋、李文懿
设计单位：珥本设计有限公司
建筑面积：172m²
主要材料：橡木、实木、茶镜、人造石

　　本案设计以音乐及回忆作为设计的主轴，希望业主累积在市中心的城市焦虑，回到家后能够得到释放，同时感受到温暖。

　　空间以演奏钢琴取代电视成为客厅的视觉重点，切割客厅的二分之一作为钢琴演奏的空间，灵活的座位摆设可以让家族成员聚会时，有个宽阔的场所，演奏区同时也串联起客厅与餐厅的动线，古董画与象征家族共同回忆的相片墙，环绕着全家人日常生活的重心，利用地坪材料的转换由湿润的实木地板，界定出私人卧室的分界，拼贴的实木壁板，刻意表现出材质的岁月感，借此衬托屋主收藏的纪念家具，让家人能够在音乐与回忆的环境中彼此珍惜与成长。

【客厅】

沙发次背景墙用一个铁架作为隔断,很好地和门厅区域分隔开来,同时铁架也保持了空间的通透;主背景后布置了一个案几,既可以作为两个功能区之间的缓冲,也可以作为书桌来使用,搬来一条椅子即组成了一个简单的书房区。设计师对电视背景墙的设计用了很多创意,内部镶嵌有灯具,原木纹色的推拉门在灯光的效果下让空间展示出温暖的一面。当关上推拉门时,和谐统一的平面布置让空间看上去更加完美,保持了空间的整体性。

【餐厅】

墙面上整齐地挂着主人一家的纪念照片,为空间带来美感的同时也带来一种异样的用餐氛围,黑色镜面材料的餐桌台面在正方形DIY灯的作用下折射出一种冷峻的热情。

【厨房】

这个厨房设计简洁，到处都是可供收纳的柜子，让空间具有强大的收纳功能；从色彩上，以白色为主色，让空间变身为洁净的化身，相信在这种环境下烹饪是种心理上的享受。

【阳台】

阳台无须过多繁复的装饰，闲暇之余，搬条凳子，拿一本书就可以享受生活的美好，可谓是一条椅子就是阳台的全部。

【休闲区】

主人是一个钢琴爱好者,设计师应主人的要求开辟了一个休闲娱乐区;在这个小空间中,钢琴成为了空间的主角,闲暇之余,在这里居住可以享受到生活的宁静。

【书房】

书房的巧妙设置,既充当了隔断的作用,有效地把卧室和其他功能区分隔开来,也多出了一个创作空间。书房本身的设计也是很有特点的,依墙而设的搁板在实用性上不仅节约了空间,也起到了很好的收纳效果。

Wen Qing Gu Bei
温情古北

设 计 师：萧爱华、李凌波
设计单位：萧氏设计
建筑面积：170 m²
主要材料：樱桃木清水、乳胶漆、复合地板

　　如果生活需要一种态度，灵魂需要一个空间，那么我们一直在努力地寻找一种原始元素的对话——始足于点，成立于面。本案中，设计师会带着我们领略畅游其间不可缺少的线，有柔美的，有刚硬的，有平行的，有倾斜的……

　　简约风格的家居空间中，有的线条将方方正正的矩形块面分离开来，有的线条肆意地在广阔的疆域上奔走，有的线条如流星飞逝般炫目划过……它们都在试图留给住户一种充斥着现代设计感的惬意享受。

　　斜的线条，在空间里，被设计师运用得淋漓尽致，每一次线与线交接，都成了不言而喻的邂逅，唯美中带着坚决，轻快中带着沉淀。鲜艳的颜色时而跳跃而出，让整个空间活跃起来。

【客厅】

从色彩上看，酒红色的沙发和黄色的地板、白色的顶棚吊顶等营造出一个舒适的空间，低矮的沙发让层高不足的客厅有所缓解，宽大理石台面的茶几让空间有很好的平面感。

【餐厅】

黑色皮质的桌椅体现出了不一般的质感，四幅黑白的挂画体现出了主人的品位，也让餐室有了很好的用餐氛围；四盏圆柱形灯具和有棱有角的餐桌形成对比，也为居室营造出一个具有艺术感的空间。

【书房】

当微风吹进，唯妙的纱窗给空间带来灵动的感觉。木色的书柜给空间营造出温馨的一面，具有创意感的台灯简单却也实用，形状不同的柜体可以容纳更多大小不一的书籍或者是CD等，也可以放上一些从各地旅游时精心掏来的装饰品。

【卧室】

卧室中，一幅巨大的画成为空间的焦点和重心，恰好改变了原来不规则墙面所带来的负面效应，偌大的照片吸引了人们的视觉感观，让人身心舒适。

Xiang Xie Hua Du

香榭花都

设　计　师：曾涛
设 计 单 位：贵州峰上室内外设计工程有限公司
建筑面积：98m²
主要材料：爵士白石材、木地板、金镜、水曲柳饰面板、软包、墙纸

　　家居的形式要"简"，品质却不能"简"，极致的简约要显示格调，比极致的复杂更让人费心。如何通过简单的线条，平淡的色彩来表现空间，演绎精彩，是一件比较困难的事情，但是一旦了解居室的设计要表达出人的处世姿态和生活观念这个基本的想法后，形式也会变得不那么重要了。

　　本案重点在于用设计后的空间勾勒居主的个性，家里文化物品的陈设，对观者和对于空间的品位看法，都能产生无可估量的影响。整体的家居环境大面积地使用米白色调，在不同功能区域相对醒目的家居用品与装饰品调节空间氛围，给人视觉上的跳跃感。

【客厅】

木色的茶几、电视柜和木地板在灯光的作用下营造出一个暖调的空间，让空间多了一份温馨与浪漫之情。白色的沙发在空间中显得犹为纯净，黑色、金色的小抱枕也映衬出了空间的质感。灰色的电视背景墙上没有进行其他任何的装饰，却在这样的空间中起到了很好的效果。一盏向上延伸的树枝形的台灯让空间充满想象，也充满艺术的氛围。

【餐厅】

该项目的餐厅和客厅位于同一个平面上，没有进行任何的间隔，也是出于对户型的考虑后做出的设计，和厨房之间用透明的玻璃来作为隔断。透明的玻璃让厨房不会显得太狭小，也能有效地阻止油烟进入客厅，上半部分镜子的装饰能扩大空间，细看，镜子里面也有一片天空！

【门厅】

空间的户型结构并不是很好,进门后有限的室内空间一览无余;因此,此处门厅的设计正好解决了这一难题。门厅和客厅之间用一层玻璃隔断进行间隔,既区分开了功能区,也让客厅空间保持了适度的通透性。走道用大面积的镜子替代墙面,很好地缓解了小空间带来的压抑,同时也有增加空间面积的视觉。错落有致的木地板地面也为空间层次起到了很好的效果。

【卫浴】

"麻雀虽小，五脏俱全"，这句话用在这里一点也不为过，在如此小的面积中拥有了卫浴间该拥有的任何功能。玻璃隔断很好地进行了干湿分区，整面墙的花纹墙纸也给小空间带来舒适的氛围。

【书房】

书房由原来的阳台改建而成，简单的书柜和书桌连成一体，既实用又美观。一张休闲的沙发让空间弥漫出舒适的气息，疲惫时可以躺在上面休息，亦可坐着看看书等。白色带有肌理的大理石材地面和客厅有效地区分开来。

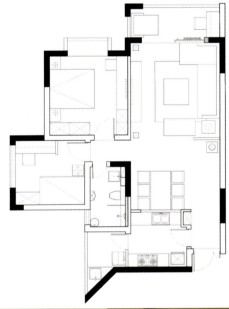

Xiao Kong Jian Da Jing Yan
小空间大惊艳

设 计 师：胡来顺
设计单位：绝享空间设计
建筑面积：约18m²
主要材料：抛光石英砖、木作喷漆、清玻璃、强化玻璃、喷沙玻璃、木地板、铁件

此案最大的亮点为创造最大的使用空间。在原有18m²的空间内，扩大原有的使用面积，同时需具有使用上的活络感，不能让居住其中的屋主感觉到压抑。为了解决空间原有的限制，设计师将设计重心放在扩大空间面积上，增加使用的顺畅感，同时要呈现出现代时髦的气息。

【客厅】

客厅中因屋主喜好影音享受，特别配置完善的收纳空间，将所有相关设备完整地收纳起来，即便是冷气出口，也设有开关门，回归壁面最完整而美好的状态；客厅及主卧之间以厨房及餐厅书房多功能空间作为二者的链接。

【餐厅及书房】

应小空间的需求，以一座L型桌面作为多功能使用区，可同时兼作餐桌及书桌使用，充分利用空间。搭配上造型灯饰来创造区域美感，配置有大片的书架储藏柜，增加室内空间的收纳功能，只用将拉门关上就成为完整的墙面，保持了空间的整体性。

【空间环境】

设计师运用大量纯白色作为空间主调，再运用小部分灰色，以及不锈钢材质的搭配，拉提空间质感并塑造空间个性，再加上隐藏式光源的衬托，更添空间整体质感，如同夜空中发亮的星钻，具备独特的姿态及美感，令人惊艳不已。因入口狭小，所以电视柜至大门斜去减低压迫感。在材质上用白色喷漆、人造石及白色美耐板，因为白色及玻璃会让空间有放大的效果。再加上室内第一层采光不好，因此用清玻璃当二楼的扶手，让光线能渗透至一楼。

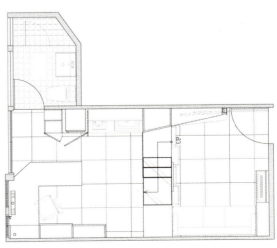

You "Xian" Kong Jian, Wu Xian Mei Li
有"线"空间，无限魅力

设 计 师：C.DD设计团队
设计单位：C.DD（尺道）设计师事务所
建筑面积：136m²
主要材料：木材、墙纸、乳胶漆、玻璃

本案的设计尊崇黑白两色的经典配搭，间或点缀些绿色的景观，让居室彰显协调与大气。入户的小空间设置一个简单的吧台，美酒可随时从柜上取下，便捷又富有创意，客厅天花由凹凸的造型元素构成，富有层次感，显得别具一格。基于户型的整体结构，设计师在餐桌旁边的空间用玻璃和木材构筑起书房，不仅有效利用了空间，玻璃还使空间显得通透起来。装饰品的精心选择，使居室的整体品味得以提升，欧式的典雅得以表达。卧室的设计延续简洁风格，雪白的床品、床头柜、衣柜互相呼应，在灰色的墙壁映衬下，凸显出整体感。

【客厅】

简约、质朴的设计风格是众多人群所喜爱的,通过清晰,简明的线条剪裁和素净质朴的家具组合,让空间在尊贵与典雅中浸透豪华,同时也体现出居住者追求品质、典雅生活的品位。

【餐厅】

进门后首先映入眼帘的就是用餐区,餐厅简单的设计却让空间显示出尊贵与大气,素雅而不失情调。同时餐厅背景墙恰到好处地用书房的一面墙来替代,既节约而又丰富了空间。木色椅子和白色餐桌的搭配也为空间的整体基调作出了很好的铺垫效果。

【书房】

这个书房空间的区域划分很是特别，和餐厅在同一条直线上，在材料上主要用玻璃和木材构筑而成。长短不一的方框造型丰富了室内的空间感觉，同时玻璃的运用也让空间的功能区在视觉上连成一体，很好的空间区域划分增加了功能区的应用，也让空间更显通透。

【卫浴】

白色的盥洗盆和白色马桶在以灰色为主的空间中显得格外的艳丽，墙上的一面大镜子方便了平时的生活也扩大了空间，一盏壁灯照射出了空间的层次。

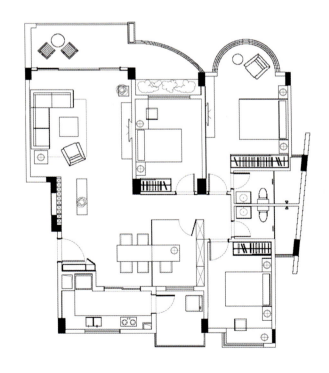

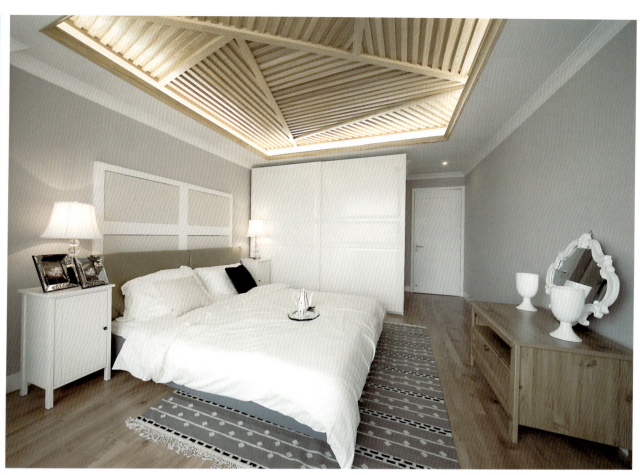

【主卧】

主卧室的设计以简洁实用为主,通过合理的功能搭配和色彩组合来达到简洁大方的设计目的。顶棚的设计体现了设计师的独到之处,长短不一,横竖交错成各种大小的三角形状让空间有了更深的层次,同时在四周镶嵌有灯具,在灯光的映衬下使空间展现出朴实无华却贵气逼人。

【次卧】

这是一个工作生活两不误的空间,大型的落地窗为室内带来良好的采光,铁艺床朴素而实用,一张白色书桌和透明椅子提升了空间的质感,并和黑色的床头柜形成鲜明的对比。

Zhi Ku

致酷

设 计 师：叶强
设计单位：元品空间设计
项目面积：88m²
项目主材：中花白大理石、仿古瓷砖、金属马赛克、进口壁纸、仿实木金刚板

　　本案是现代感极强的简约风格。整个家居空间给人一种大气、简洁、时尚的感觉。该空间的家具大多是造型独特、线条硬朗的时尚家居。住户高雅的品位由此可见一斑。富有肌理感的白色电视背景墙与电视机的黑色形成强烈反差。造型独特的灯具让这个不怎么宽敞的客厅灵动起来。开放式厨房让人一目了然。艺术铁艺灯和餐椅让你在补充能量的同时惬意盎然。一旁还设置了电视机，住户不用移步便能关注天下事。开放式的盥洗台因为有了金属马赛克拼贴而成的墙面的衬托，而更显时尚。卫浴间的门独特的设计，可谓别具一格，非常有创意。

【客厅】

这是一个混搭的创意空间，创意的灯具、白色肌理的背景墙面、金属不锈钢镶边的黑色茶几等让这个客厅空间富有了独特的现代气息。电视嵌入墙体，当没有打开电视时，在吊顶灯光的作用下让黑白突显出巨大的反差，也让空间更有深度和更有内涵，这也是美的一种表现形式。在这仅有的几平方米的空间中，设计师的简约手法让空间井然有序，灯光也让空间更富有层次感。

【餐厅】

开放式的厨房和餐厅相连，创意感十足的吊灯，简单的餐厅随意摆放，在中规中矩的黄黑地面的衬托下在不经意间成为了经典的传承，在这里可以看到设计师DIY作品在小空间中起到了放大空间的巨大作用。

【卫浴】

由于户型本身的空间很小，卫浴的空间也受到了很大的限制。如果把浴缸、马桶、淋浴区、盥洗台等全部集中在一起会让本来就很小的空间倍感压抑，因此设计师通过很好的整合后，把盥洗台搬到了卫浴区外。马赛克拼接而成的主背景在镜子的映衬下让其成为空间的一道亮丽的背景，不但不影响整个环境，反而让就餐空间更加饱满。

Bai Ling Ju Ting
白领居停

设 计 师：李仕鸿、杨培伟
设计单位：汕头市一帆环境艺术设计有限公司
建筑面积：190m²
主要材料：白色聚酯漆、雅士白石板、人造石板、抛光砖、紫橡木板

本案整体的格局充分利用空间及功能布置划分。设计师以客厅、餐厅为主轴，在一些界分私人空间的地方，巧用墙体凹凸隔断划分出主卫的衣帽间，次卧在通道与儿童房之间成就了一个别致的写字区，同时也成为一个巧妙的过渡区。空间以白色为主色调，黑色为辅，加入了一些红色、绿色等装饰物，展现出一个现代简约的黑白经典空间。

【客厅】

这套样品房是以现代简约风格为基调，客厅背景墙运用白色拉丝机理的石材，搭配光滑透亮的黑镜，简洁而细腻。客厅白色玄关，强烈的折射造型，展示与实用相结合，整个空间黑白灰三色调配合理，加上时尚的家具，散发出一股现代感极强的独特魅力。

【餐厅】

现代的黑色餐桌椅在纯白的舞台中成为视觉中心与焦点，备餐台犹如白色宣纸上刚毅的笔触，驱散了白色的单调乏味。背景墙上的液晶电视嵌入墙体，保持了风格的整体性也让有限的空间多了一处功能。推拉门能有效地和厨房隔开，同时透明的玻璃也让两个功能区相连隔而不断。顶棚上的一个充满艺术感的吊灯为餐厅营造了一个和谐的用餐氛围。

【书房】

这个书房处于儿童房和走道的中间地带，是设计师应居主的要求规划出来的。面积虽小，而书桌，书柜等却一应俱全。设计师把书房和走道之间的墙打通，用一面大型的书柜来替代原来的墙面，这满足了小书房空间的收纳及展示问题，让书及装饰品有了放置的地方。书桌由沿墙而建的隔板代替，看似简单，搁板下面的抽屉设置让它也拥有了读书创作区的全部功能。

【卧室】

黑白相间的条形床上用品为室内带来明快、舒适、温馨的氛围，主背景墙设计出一个长方形展示板，在两边分别嵌入两个对称的玻璃柜，在满足展示的同时玻璃本身也有折射空间的效果。卧室的另一面设计成一个收纳柜，柜门用透明玻璃替代，可以清晰地看到里面的物品，方便了生活，大面积的玻璃也有增加了空间的效果。

【卫浴】

主卫巧妙的平面划分，使小空间具备更多功能；在卫浴区，设置了一个化妆区，独具匠心，并运用玻璃隔断，抛开繁琐的造型，形成简洁明快的效果；空间中的珠帘、灯饰、饰品等，无一不在营造一种时尚创意、简洁却富有生气的生活空间。